蔬果汁净化力

郑颖 ◎ 主编

湖南科学技术出版社

图书在版编目（CIP）数据

蔬果汁净化力 / 郑颖主编. -- 长沙 ： 湖南科学技术
出版社，2017.4
ISBN 978-7-5357-9090-3

Ⅰ．①蔬… Ⅱ．①郑… Ⅲ．①蔬菜－饮料－制作②果汁
饮料－制作 Ⅳ．①TS275.5

中国版本图书馆 CIP 数据核字(2016)第 237451 号

SHU GUOZHI JINGHUA LI

蔬果汁净化力

主　　编：郑　颖
责任编辑：杨　旻　李　霞
策　　划：深圳市金版文化发展股份有限公司
版式设计：深圳市金版文化发展股份有限公司
封面设计：深圳市金版文化发展股份有限公司
摄影摄像：深圳市金版文化发展股份有限公司
出版发行：湖南科学技术出版社
社　　址：长沙市湘雅路 276 号
　　　　　http://www.hnstp.com
湖南科学技术出版社天猫旗舰店网址：
　　　　　http://hnkjcbs.tmall.com
邮购联系：本社直销科 0731-84375808
印　　刷：深圳市雅佳图印刷有限公司
　　　　　（印装质量问题请直接与本厂联系）
厂　　址：深圳市龙岗区坂田大发路 29 号 C 栋 1 楼
邮　　编：518000
版　　次：2017 年 4 月第 1 版第 1 次
开　　本：710mm×1000mm　1/16
印　　张：8
书　　号：ISBN 978-7-5357-9090-3
定　　价：32.80 元

Preface

序言

　　新鲜蔬菜和水果一直作为"净化力"的食物，备受崇尚健康的人们青睐，尤其是希望采用天然的方法来排毒、瘦身的女性。但是你有没有算过，自己每天吃的蔬菜和水果的种类有多少呢？如果不超过5种，那么想通过它们来达到净化身体的目的，效果并不会十分理想。现代营养学认为，成年人每天摄入的蔬果种类应达到7~9种，这样才有助于强健体质，排出毒素，预防疾病，而且摄入的蔬果种类越多好。

　　每天吃5种以上的蔬果听起来很难，但只要选对方法，其实一点也不难！蔬菜和水果有个天然的优势，就是富含水分、纤维素，以及各种易溶于水的维生素和矿物质，这种特性使得其非常适合直接榨成汁饮用。蔬果一旦榨成汁，体积就会大大减小，每天摄入7~9种蔬果，只要喝一到两杯蔬果汁就能轻松搞定！

　　本书针对美颜纤体、改善体质、排毒防病等不同的健康需要，推荐了64道既美味又营养的蔬果汁，无论你是想提亮肤色、淡化色斑、瘦出曲线，还是想消除疲劳、改善失眠、缓解压力，亦或是需要强化肝脏功能、清理血管垃圾，在本书中都能找到答案。

　　衷心地希望能帮您开启健康的蔬果汁生活，用纯天然的食材调理出好身体，拥有健康和美丽！

Contents 目录

Part 3

**改善体质，
超能量蔬果汁**

**身体排毒，
超强效蔬果汁**

Part 1

提升身体净化力，
动手做蔬果汁吧

现代营养学认为，成年人每天摄入的蔬果种类应达到7~9种，这样才有助于排出毒素，强健体质，预防疾病。蔬果汁富含人体所需的维生素和矿物质和膳食纤维以及酶，坚持饮用，能够改善人体的各项生理机能。

蔬果汁的3大净化力

1.富含净化身体的关键物质——酶

酶是提升身体净化力的关键物质基础，它与呼吸、代谢、食物的消化吸收、血液循环等生命活动关系密切。我们所说的酶包括人体自身合成的酶与食物中的酶。新鲜蔬果中不仅富含酶，还含有各种维生素及矿物质等"辅酶"，它们是能帮助相应的酶顺利运作的"好帮手"。

2.水是营养素的最佳载体

多饮健康的水是提升身体净化力的最佳方法之一。蔬果汁的优势就在于，它将所有的营养素充分溶解于水中，使其更加容易被消化吸收，从而有效提升身体净化力。

3.根据身体需要进行搭配组合

摄入蔬果的种类越多、色彩越丰富，其营养价值越高。如果一杯蔬果汁包含2~4种不同的蔬果，每天2杯就能满足人体的日常需要。此外，还可以根据具体的健康诉求，如调理失眠、清热、消火等，选择具有特定养生功效的蔬果进行搭配。

一杯蔬果汁含有的营养素

膳食纤维	膳食纤维是肠道的"清洁工"，可以改善便秘的状况。
维生素	维生素被誉为身体的"润滑油"，可以促进糖类、蛋白质、脂肪的代谢。
钾	钾可让多余的钠排出体外，确保正常的细胞内部环境，还有降血压的功效。
植物生化素	天然蔬果丰富的色彩来自其富含的植物生化素，属于天然的食物色素。
糖	水果中的果糖被称为"健康糖"，可被身体吸收，转化为身体所需的能量。
蛋白质	蛋白质是维持生命活动必需的营养素，它是脏器、肌肉、皮肤等的制造原料。

蔬果最优营养榜单

含酶最多的蔬果

猕猴桃

富含蛋白质分解酶、猕猴桃酶，绿色果肉的猕猴桃酶含量更多。

菠萝

富含蛋白质分解酶——菠萝酶和膳食纤维。

香蕉

富含分解淀粉的淀粉酶。熟透的香蕉富含消化酶。

白萝卜

富含分解淀粉的淀粉酶。

哈密瓜

富含蛋白质分解酶，以及能改善水肿的钾。

桃

主要成分是蔗糖，但是也富含果胶，有润肠的功用。

营养最均衡的蔬果

苹果

富含维生素、矿物质、膳食纤维。

胡萝卜

富含独特的 β－胡萝卜素，营养价值很高。

油菜

富含钙质和维生素C，能够预防感冒和骨质疏松。

抗氧化的百搭蔬果

橙子

含有具抗氧化效果的维生素C和维生素E，微酸的口感令人开胃。

葡萄柚

除了淡淡的酸味，还有柔和的香气，能增加蔬果汁的水分和甜味。

柠檬

有较强烈的酸味和香味，并具有防止蔬果汁氧化的作用。

准备基本工具

榨汁机、水果刀和称量工具是制作果汁的必备工具，来认识一下吧！

榨汁机

并不是越贵的榨汁机榨出的蔬果汁越好。选择一款简单又实用性强的榨汁机即可。注意，为了充分吸收蔬果中的重要营养素——膳食纤维，最好不要使用带有过滤功能的榨汁机，以免使蔬果汁的功效大打折扣。最优质的蔬果汁是既含有蔬果的果肉，口感又顺滑的，因此在挑选榨汁机时，不妨多考虑一下机器的功率和刀片的打磨力。

想立即喝到冰凉的蔬果汁

将冰块放入榨汁机中与蔬果一起搅拌，1人份的蔬果汁大约加3块冰即可。注意，加入冰块后需要减少水的用量。当然，加入冰块后蔬果汁的甜度会降低，可以加入苹果、香蕉等甜味水果来调节。

瓜果刀

有些水果质地较软，比如草莓、香蕉等，使用越锋利的瓜果刀，对果肉的损伤越小。可以选择陶瓷刀，其不仅刀刃锋利，而且不会生锈，能避免蔬果沾上金属的异味。

量杯

选择一个容量为200~300毫升的塑料或玻璃量杯，用来测量液体的体积。如果家里一时找不到量杯，可用一次性纸杯进行估量，一个普通大小的一次性纸杯的容量为200~250毫升。

1大勺
1/2大勺
1小勺
1/2小勺

量勺

量勺用来称量糖、盐、肉桂粉、胡椒粉、熟黄豆粉等粉末状调味料或少量的液体状食材。1小勺是5克，1大勺是15克。大部分量勺还有1/2大勺、1/2小勺等容量。"少许"的分量在1/6小勺以下。

开始制作蔬果汁

制作蔬果汁的方法很简单，记住3步，食材再多也不会手忙脚乱。

**Step 1
清洗**

连皮一起榨汁的苹果或葡萄一定要清洗干净，使用流水多冲洗几次。草莓要去蒂，果肉之间凹凸不平的地方可以用软刷刷洗干净。

**Step 2
去皮、
切食物**

香蕉、猕猴桃等食物要去皮，橙子皮等较厚的皮可以用刀削去或切去。由于是生食，为了避免农药残留，蔬菜外面的几片叶子最好剥去不要。

**Step 3
搅拌、
倒出**

先在榨汁机中放固体食材（蔬菜或水果），再加液体食材（水、豆浆、蜂蜜等），然后盖上盖子，按下开关键开始搅拌，一般需15~60秒，时间根据食材的质地决定。完成搅拌后倒出果汁即可。

材料选择方法

∨ 选择当季蔬菜或水果

当季的食物色泽鲜艳且多汁，口感很好，又富含维生素、矿物质等。更棒的是，相较于其他季节，可以用更便宜的价格买到更新鲜的食材。

∨ 选择熟透的水果

水果完全成熟时，酶的含量最多，香气和口感也最佳，尤其是菠萝、猕猴桃、芒果等香气浓郁的水果。买到未完全成熟的水果也没关系，可以先放一阵子，等成熟后再制成蔬果汁。

蔬果的组合方法

主要食材 ━━━━━━━━━━━━━━━━━━━━━━━━━━━━━━━━━━━━━

胡萝卜　　　　　　菠菜　　　　　　西瓜　　　　　　西红柿

＋ 甜味食材 ━━━━━━━━━━━━━━━━━━━━━━━━━━━━━━━━━━━━

苹果　　　　　　橙子　　　　　　香蕉　　　　　　蜂蜜

＋ 水分 ━━━━━━━━━━━━━━━━━━━━━━━━━━━━━━━━━━━━━━━

水　　　　　　豆浆　　　　　　牛奶　　　　　　绿茶

＋ 调节风味的食材 ━━━━━━━━━━━━━━━━━━━━━━━━━━━━━━━━

核桃仁　　　　　　肉桂粉　　　　　　生姜　　　　　　黑胡椒

＝ 美味蔬果汁 ━━━━━━━━━━━━━━━━━━━━━━━━━━━━━━━━━━━

让蔬果汁更美味的秘密

蔬菜水果的种类繁多，口感也各不相同，但只要掌握了一定的诀窍，马上就能知道哪些蔬果搭配更美味、更营养！

学会"补水"和"增甜"

对于含水度和甜度不够的食材，需要为它们选择合适的"搭档"，以增加成品的润滑度和甜度。

有些食材本身质地比较干燥，比如芹菜、香蕉、苹果、草莓等，选择这类食材制作蔬果汁时，要同时加入一些能够增加水分的食材，如橙子、葡萄，或者豆浆、酸奶等。有些食材甜味不够，如蔬菜，想要补充甜味，就需要加入香蕉、芒果等甜度较高的水果或蜂蜜。

同色系食材更搭配

将蔬菜与水果搭配时，如果你对口感没有十分的把握，那么选择同色系的食材，口感一定不会差。

根据蔬果的颜色，可以将各种蔬果大致分为绿色系、黄橙色系、红色系、白色系、紫黑色系五个种类。同色系的蔬菜与水果在口感上更加和谐，搭配在一起更能突出彼此的美味。比如，绿色系的芹菜搭配青苹果，味道比搭配红苹果好，更能突出二者的清香。黄色系的黄甜椒搭配橙子，味道比搭配草莓好，而红色系的番茄与草莓则很搭。

增加"香气"

如果选择的食材都没有什么"亮点"，但出于营养功效考虑不想换成别的食材，那么不妨为它们增加一些香味。

增加清香：使用柠檬或者青柠，可以带来温和的香气与清凉感，让蔬果汁口感更有层次。薄荷可以带来沁凉风味，适合与桃子、哈密瓜、柑橘类水果等搭配。

增加辛香：蔬果汁中不妨加入一些具有香辛味的调料，比如肉桂粉、黑胡椒粉等，更添风味。

增加醇香：对于味道寡淡的蔬菜，如胡萝卜，可以加入些坚果一起榨汁，以增加香气和咀嚼感。此外，还可以加一些香气浓郁的水果，如牛油果、香蕉。

开启蔬果汁健康生活的4大要点

一旦开始每天饮用蔬果汁，你慢慢就会发现身体发生着令人惊奇的改变。那么，下面这4点务必记牢哦！

1.早上是喝蔬果汁的最佳时间

蔬果汁有益健康，是因为其富含多种促进身体新陈代谢的酶以及有助于延缓衰老的抗氧化物质。每天早上起床后，先喝一杯温开水促进血液循环，接着喝一杯富含酶的新鲜蔬果汁，可以改善代谢功能，逐渐培养出自然变瘦的体质，而且不会遇到因为节食减肥而出现的便秘、皮肤粗糙、情绪焦虑等不适症状，让你一整天都充满活力。

2.选择当地、当季盛产的蔬果作为原料

刚开始饮用自制蔬果汁时，会很烦恼用什么样的食材最好。选择食材的总原则是新鲜，其次是挑选自己喜欢的食材。建议从最基本的柑橘类水果、香蕉、胡萝卜等食材入手，逐渐调配出适合自己的最优搭配。此外，建议选择当地、当季的盛产蔬果，这样能够保证新鲜，最有益于健康。

3.蔬果汁榨好后一定要马上饮用

鲜榨蔬果汁最讲究鲜度，因为此时蔬果中的营养素大部分已经溶出，它们会在数分钟内失去作用，尤其容易流失的是酶和维生素C。此外，久置的蔬果汁会出现分层现象，口感也大打折扣，因此榨好的蔬果汁一定要马上饮用。另外，如果一时喝不完，可以放入冰箱冷冻室急冻，制成果汁冰块或者沙冰。加入柠檬汁可在一定程度上延缓其氧化变色的过程。

4.保持轻松，才能持之以恒

当你决定每天坚持饮用蔬果汁时，千万不要有任何压力。偶尔晚起或者没时间弄，不要紧，第二天继续就可以了。一旦有压力，很可能因为一两次没有坚持就彻底放弃了这个计划，从而无法享受新鲜蔬果汁带来的健康体验。没时间制作蔬果汁的时候，直接食用新鲜的蔬果，也能起到类似的效果。

常见蔬果的营养功效

蔬果	主要营养功效	蔬果	主要营养功效
苹果	缓解便秘、腹泻	樱桃萝卜	促进肠胃蠕动，生津除燥
雪梨	清火，润肺化痰	豆芽	美容，排毒，消脂，通便
草莓	消除皮肤暗沉、斑点	丝瓜	消除皮肤皱纹，抗过敏
猕猴桃	促进消化，增强免疫力	冬瓜	消除水肿，清热，瘦身
橙子	生津止渴，清理肺中积热	苦瓜	消暑，消炎，解毒
葡萄柚	提神醒脑，排毒，消水肿	西葫芦	除烦止渴，消除水肿
柠檬	美白皮肤，排毒	圣女果	保护皮肤，延缓衰老
金橘	保护心血管，化痰，醒酒	大白菜	净化血液，养胃，除烦
青提子	降低胆固醇，滋补肝肾	芹菜	护肝，降血压，清热消肿
葡萄	促进血液循环，延缓衰老	油菜	降低胆固醇，增强免疫力
香蕉	改善抑郁，促进睡眠	菠菜	预防贫血，清洁皮肤
菠萝	促进消化，解暑，消炎	生菜	清热爽神，护肝，养胃
芒果	改善食欲，治疗晕车、呕吐	艾蒿	抗菌消炎，保护肝脏
木瓜	治疗胃痛、消化不良	卷心菜	保护胃黏膜，加速溃疡愈合
水蜜桃	美肤，清肺，清肠胃	秋葵	调理肠胃，增强体质
樱桃	预防贫血，美白祛斑	荷兰豆	增强免疫力，促进新陈代谢
石榴	促进消化，抗病毒，延缓衰老	甜椒	预防感冒，补充多种维生素
番石榴	美容养颜，治疗腹泻	莴笋	清胃热，排毒，通便
牛油果	降低胆固醇，美容，护眼	芦笋	抗癌，清热，保护血管
西瓜	清热解暑，降低血压	西兰花	清理血管，帮助肝脏解毒
甜瓜	清暑热，保护肝脏	土豆	养脾胃，改善消化不良
哈密瓜	除烦热，改善人体造血机能	莲藕	清热凉血，改善食欲不振
甘蔗	缓解咽喉肿痛，清肺热	洋葱	降低血脂，增强免疫力
百香果	舒缓精神压力，调理肠胃	南瓜	保护胃黏膜，降血糖
蓝莓	保护视力，延缓衰老	玉米	抗衰老，保护视力，美容
桑葚	滋补肝肾，乌发	红薯	抗癌，通便，抑制黑色素
梅子	生津止渴，促进消化	紫薯	促进消化，预防多种疾病
枇杷	润肺止咳，增强免疫力	山药	健脾益肾，增强免疫力
杨桃	护肤美容，消除内脏积热	马蹄	清热，解毒，消除食积
荔枝	强健体质，改善失眠	海带	防治动脉硬化，通便，降压
火龙果	保护胃黏膜，排毒，润肠	芦荟	杀菌消炎，解毒，控油健肤
椰子	调理脾胃，补虚，解暑	香菜	消除食积，治伤风感冒
西红柿	生津除烦，健胃，消炎	生姜	散寒，止呕，增进食欲

Part 2

美颜纤体，超美味蔬果汁

如果想通过改变饮食结构变得更加美丽，蔬果汁绝对是最佳的选择！蔬果汁中含有多种能帮助身体保持年轻的抗氧化物质，如维生素C、维生素E、胡萝卜素、番茄红素、花青素、多酚等。它们可以抵抗侵入身体内的导致衰老的"杀手"——自由基，从而延缓身体老化。蔬果汁中的膳食纤维，还能起到排毒纤体的作用。

番茄草莓汁

材料 Ingredients

番茄······1个
草莓······100克
蜂蜜······1大勺
水······100毫升

番茄1个

草莓100克

水100毫升

蜂蜜1大勺

做法 Method

1. 洗净的草莓去蒂，对半切开。番茄切成小块。

2. 将番茄、草莓放入榨汁机，倒入水、蜂蜜，榨成汁即可。

＼ 净化力 Effect ／

红色食材富含番茄红素，它是一种超强的抗氧化剂，清除自由基的功效远胜于类胡萝卜素和维生素E，能有效改善肤质。

蔬果小品

草莓不仅味道甜美，而且维生素C含量很高，能够美白皮肤。它富含可溶性膳食纤维——果胶，因此还具有润肠通便的功效。

绿豆芽黄瓜青提汁

材料 Ingredients

绿豆芽······100克
黄瓜······1小根
青提······50克
青柠檬······1/8个

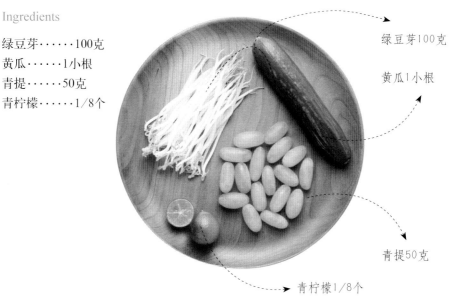

绿豆芽100克

黄瓜1小根

青提50克

青柠檬1/8个

做法 Method

1. 绿豆芽放入沸水中焯熟，捞出沥干。黄瓜切成小块。青柠檬挤出汁。

2. 将黄瓜、青提、绿豆芽放入榨汁机，倒入青柠檬汁，榨成汁即可。

＼ 净化力 Effect ／

黄瓜和绿豆芽的含水量都很高，可以为皮肤补充充足的水分，同时补充大量维生素及矿物质，还具有清热滋阴的作用。

蔬果小品

黄瓜的含水量很高，能很好地补充体液。它还有益于"清扫"体内垃圾，常吃有助于预防肾结石，连皮吃补充维生素的效果更好。

鲜橙葡萄柚柠檬汁

材料 Ingredients

葡萄柚······1/2个
橙子······1/2个
柠檬······1/8个

橙子1/2个

葡萄柚1/2个

柠檬1/8个

做法 Method

1. 葡萄柚去皮，切成小块。橙子去皮，切成小块。柠檬挤出汁。

2. 将葡萄柚、橙子放入榨汁机，倒入柠檬汁，榨成汁即可。

＼ 净化力 Effect ／

柑橘类水果富含抗氧化成分，葡萄柚和鲜橙是维生素含量最丰富的黄金搭配，有美白肌肤、消除疲劳的作用。

蔬果小品

柠檬含有多种营养成分，是高碱性食品，具有很强的抗氧化作用，对促进肌肤的新陈代谢、延缓衰老及抑制色素沉着等都十分有效。

增加皮肤嫩滑度

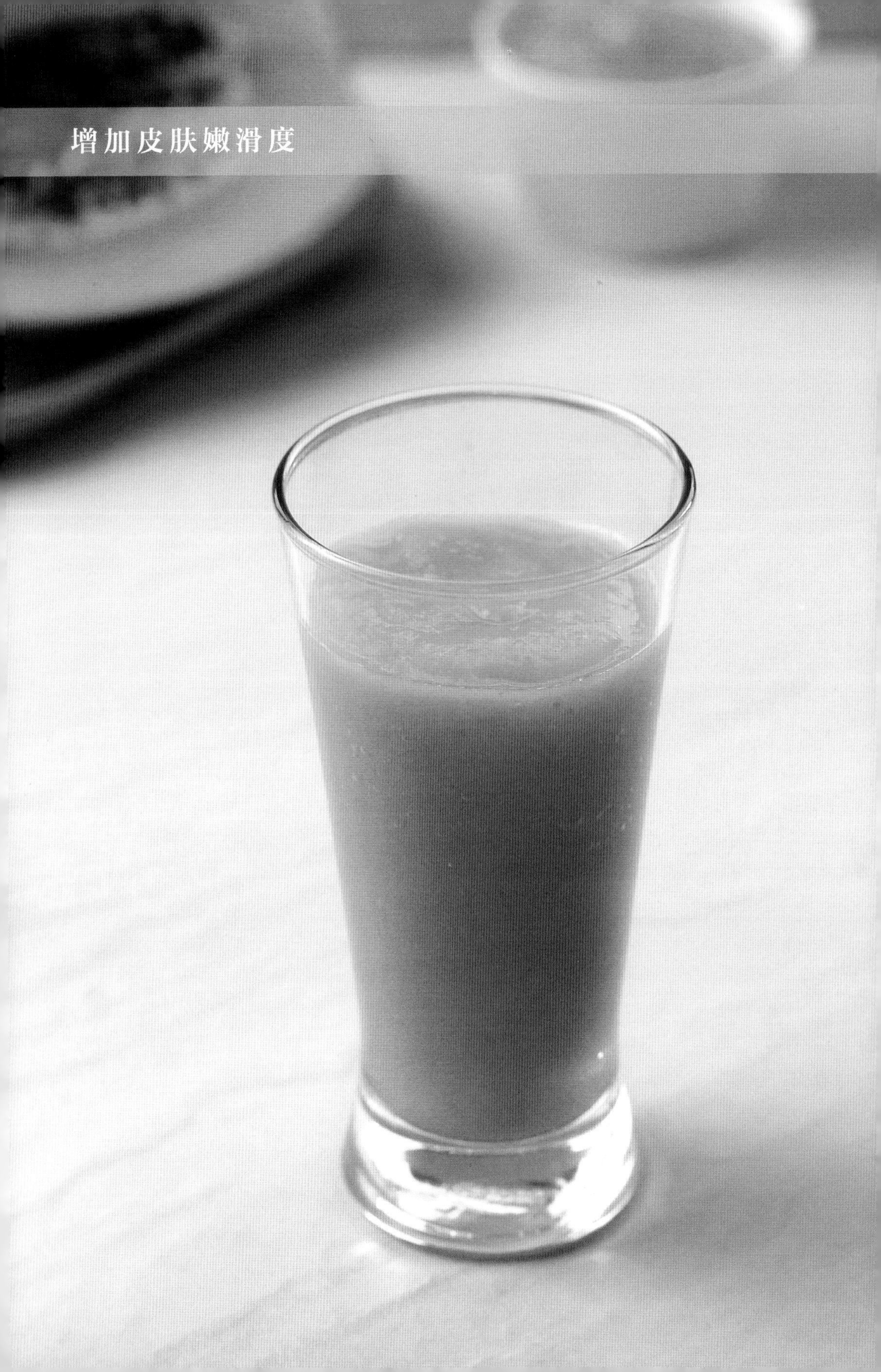

菠萝木瓜黄金果汁

材料 Ingredients

菠萝······100克
木瓜······100克
香蕉······1/2根
水······100毫升

菠萝100克

水100毫升

香蕉1/2根

木瓜100克

做法 Method

1. 菠萝、木瓜去皮，切成小块。香蕉剥皮，切成片。
2. 将菠萝、木瓜、香蕉放入榨汁机，加入水，榨成汁即可。

╲ 净化力 Effect ╱

加了木瓜和香蕉的果汁，香气浓郁，口感润滑。黄色蔬果富含β-胡萝卜素，有助于促进血液循环，美容养颜。

蔬果小品

木瓜中含有多种酶，这些酶不仅可分解蛋白质、糖类，更可分解脂肪，从而缓解消化不良，保护肝脏，并有助于瘦身。此外，木瓜还具有通乳、缓解痉挛等作用。

胡萝卜红柚杏仁汁

材料 Ingredients

胡萝卜······1小根
葡萄柚······1个
杏仁······30克
柠檬······1/8个
水······100毫升

柠檬1/8个

水100毫升

葡萄柚1个

胡萝卜1小根

杏仁30克

做法 Method

1. 胡萝卜、葡萄柚去皮，切成一口大小的块。柠檬挤出汁。

2. 将胡萝卜、葡萄柚、杏仁放入榨汁机，倒入水、柠檬汁，榨成汁即可。

\ **净化力** Effect /

胡萝卜中的β–胡萝卜素对于抗氧自由基有抵抗作用，还可以清除皮肤的多余角质，刺激皮肤的新陈代谢，从而起到嫩肤的作用。

蔬果小品

葡萄柚含有丰富的维生素C等抗氧化成分，能够加快肝脏解毒酶的产生，帮助清洁肝脏和全身排毒。葡萄柚还富含独特的枸橼酸，常吃有瘦腿作用。

淡化色斑

番石榴芦荟圣女果汁

材料 Ingredients

番石榴······1个
圣女果······3~4个
芦荟······20克
蜂蜜······1小勺

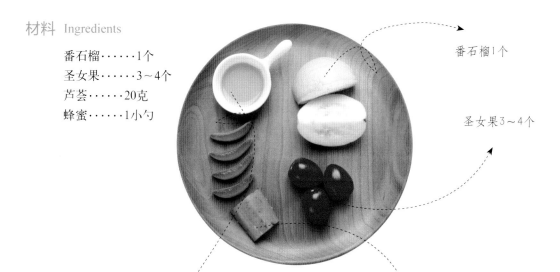

番石榴1个

圣女果3~4个

蜂蜜1小勺

芦荟20克

做法 Method

1. 番石榴切成小块。圣女果对半切开。芦荟取肉，切成小块。

2. 将番石榴、芦荟、圣女果放入榨汁机，倒入蜂蜜，榨成汁即可。

＼ **净化力** Effect ／

番石榴和芦荟都是抗衰老的佳品，含有维生素C及其他抗氧化成分，能增强皮肤的活力，清除活性氧自由基，减少黑色素和色斑的形成。

蔬果小品

番石榴清甜脆爽，含膳食纤维多，能有效促进排出肠内的宿便，其富含维生素C及铁、钙、磷等矿物质，可补充夏季人体对维生素等的需求，番石榴对喝酒超量者还具有解酒功能。

梅脯甜瓜果醋汁

甜瓜·····200克
梅脯·····4个
苹果醋·····100毫升

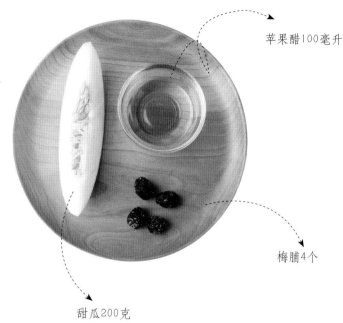

苹果醋100毫升

梅脯4个

甜瓜200克

做法 Method

1. 将甜瓜去皮、籽，切成一口大小的块。梅脯去核。

2. 将甜瓜、梅脯放入榨汁机，倒入苹果醋，榨成汁即可。

净化力 Effect

梅脯被称作"碱性食品之王"，具有杀菌、解毒、净化血液等作用，搭配富含维生素、钾的甜瓜，以及富含酶的苹果醋，祛斑效果很好。

蔬果小品

甜瓜是夏季清暑热的佳品，含有丰富的营养且水分充足，可生津解渴、除烦热，还能够帮助肾脏病患者吸收营养。

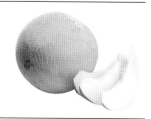

圣女果葡萄柚汁

材料 Ingredients

葡萄柚半个

柠檬1/8个

圣女果100克

做法 Method

1. 圣女果对半切开。葡萄柚去皮，切成一口大小的块。柠檬挤出汁。

2. 将圣女果、葡萄柚倒入榨汁机，再倒入柠檬汁，榨成果汁即可。

╲ 净化力 Effect ╱

葡萄柚甜酸中带有微苦，搭配圣女果可以平衡口感，二者富含的强效抗氧化物质可以抑制黑色素的形成。

牛油果苹果润肤汁

材料 Ingredients

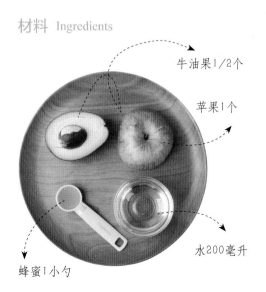

牛油果1/2个

苹果1个

蜂蜜1小勺

水200毫升

做法 Method

1. 牛油果去皮去核，切成一口大小的块。苹果去核，连皮一起切成一口大小的块。

2. 将牛油果、苹果放入榨汁机，倒入水、蜂蜜，榨成汁即可。

＼净化力 Effect ／

牛油果含有优质脂肪以及滋润皮肤的维生素E，能提升皮肤的保水能力。苹果中的膳食纤维有助于排出体内毒素。

27

胡萝卜大白菜橙汁

材料 Ingredients

胡萝卜……1根
大白菜叶……3片
橙子……1/3个
水……100毫升

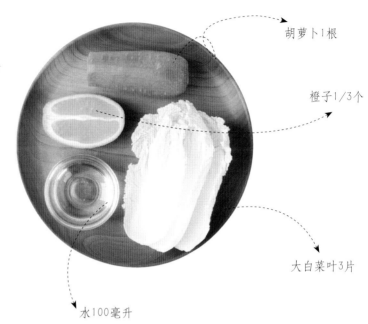

胡萝卜1根

橙子1/3个

大白菜叶3片

水100毫升

做法 Method

1. 胡萝卜去皮，切成小块。大白菜叶用手撕碎。橙子去皮，切成一口大小的块。

2. 将胡萝卜、大白菜叶、橙子放入榨汁机，倒入水，榨成汁即可。

净化力 Effect

胡萝卜和大白菜都富含维生素A这种皮肤的"天然保湿剂"，它能增强皮肤的锁水功能，有助于对抗干燥。

蔬果小品

胡萝卜的营养价值很高，它含有大量的β-胡萝卜素，具有护肝明目的作用；其含有的木质素能提高机体的免疫力，女性经常食用胡萝卜可降低卵巢癌的发病率。

哈密瓜雪梨红提汁

材料 Ingredients

哈密瓜······1/4个
雪梨······1个
红提······40克

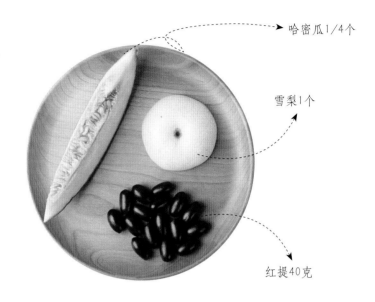

哈密瓜1/4个

雪梨1个

红提40克

做法 Method

1. 哈密瓜去皮，切成一口大小的块。雪梨去皮、核，切成小块。红提对半切开。

2. 将哈密瓜、雪梨、红提放入榨汁机，榨成汁即可。

＼ 净化力 Effect ／

哈密瓜和雪梨的搭配可带来加倍的清润口感，不仅能迅速解渴，还能为皮肤补充水分，有滋阴润燥的功效，可从根本上改善肤质。

蔬果小品

雪梨富含多种营养，可以帮助人体润肺清燥、止咳化痰。

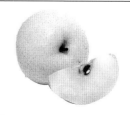

抗皮肤老化

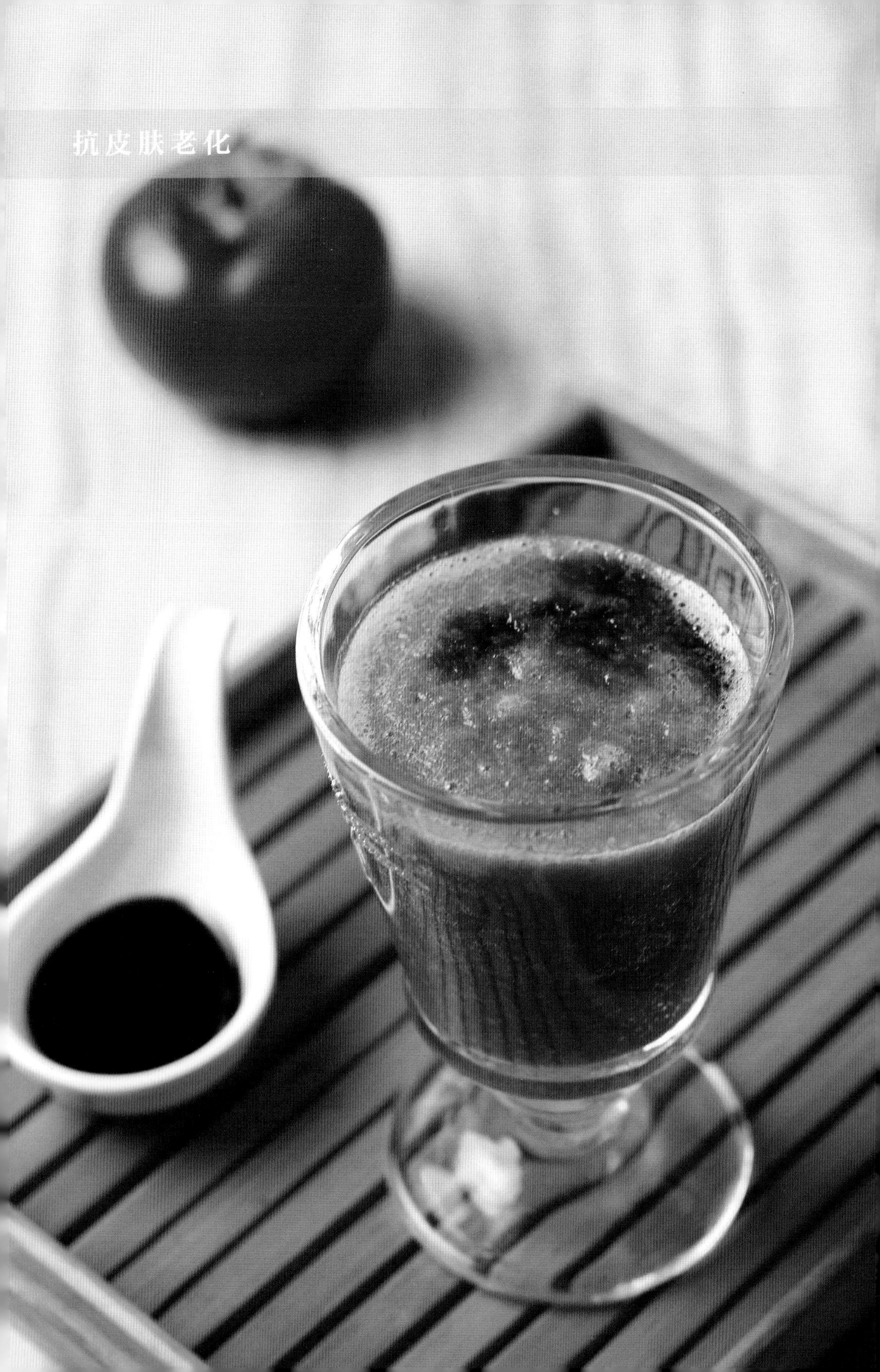

番茄黑醋汁

材料 Ingredients

番茄·····1个
西芹·····1根
黑醋·····1~2小勺
盐·····少许
黑胡椒·····少许

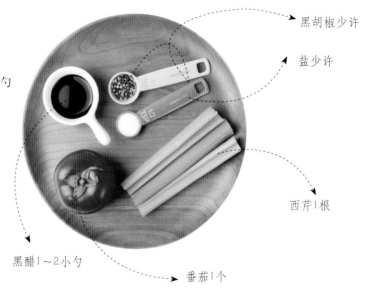

黑胡椒少许

盐少许

西芹1根

黑醋1~2小勺

番茄1个

做法 Method

1. 番茄去蒂，连皮一起切成小块。西芹切成小丁。

2. 将番茄、芹菜放入榨汁机，榨成汁后倒入杯中，加入黑醋，再加入盐、黑胡椒调味即可。

╲ 净化力 Effect ╱

番茄、西芹中的膳食纤维可以清理肠道，有助于排毒，其含有的抗氧化物质，能延缓身体老化。

蔬果小品

番茄含有多种维生素和营养成分，常食用不仅可以促进人体健康，还可以让皮肤保持年轻水润的状态，其富含的番茄红素是抗衰老的强效物质。

芒果菠萝葡萄柚汁

材料 Ingredients

芒果……1/2个
菠萝……30克
葡萄柚……1/2个
姜末……少许

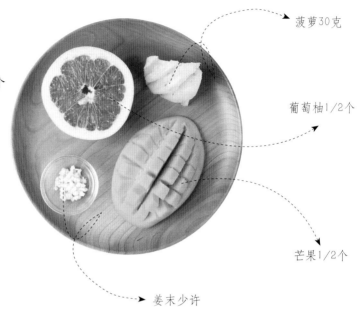

菠萝30克

葡萄柚1/2个

芒果1/2个

姜末少许

做法 Method

1. 芒果用十字花刀切取小块果肉。菠萝、葡萄柚去皮，切成小块。

2. 将芒果、菠萝、葡萄柚放入榨汁机，倒入姜末，榨成汁即可。

净化力 Effect

这道蔬果汁含有丰富的维生素C、胡萝卜素等抗氧化物质，能降低紫外线对皮肤的伤害，从而防止皮肤老化。

蔬果小品

菠萝含有人体所需的几乎所有维生素、多种矿物质及消化酶，能有效帮助消化吸收，改善肠胃功能，缓解便秘。

红提芹菜青柠汁

材料 Ingredients

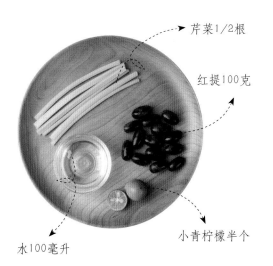

→ 芹菜1/2根

红提100克

水100毫升

小青柠檬半个

做法 Method

1. 芹菜切成小段。红提洗净后对半切开。柠檬挤出汁。

2. 将芹菜、红提放入榨汁机，倒入水、柠檬汁，榨成汁即可。

╲ 净化力 Effect ╱

红提等深色水果中富含花青素，它是一种强效抗氧化剂，能够保护身体免受自由基的伤害，延缓衰老。

金橘芦荟小黄瓜汁

材料 Ingredients

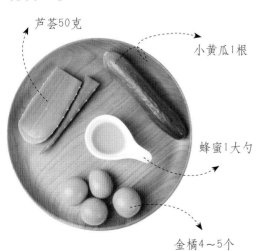

芦荟50克

小黄瓜1根

蜂蜜1大勺

金橘4～5个

做法 Method

1. 金橘洗净后对半切开，用刀尖挑去籽。芦荟去皮，切小块。小黄瓜切成小块。

2. 将金橘、芦荟、小黄瓜放入榨汁机，倒入蜂蜜，榨成汁即可。

╲ 净化力 Effect ╱

芦荟中含的多糖和多种维生素对人体皮肤有良好的营养、滋润、增白作用，并能够抑制皮肤分泌过多的油脂。

冬瓜马蹄甘蔗汁

材料 Ingredients

冬瓜······100克
马蹄······3个
甘蔗······1小段

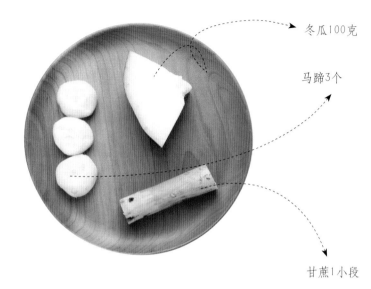

冬瓜100克

马蹄3个

甘蔗1小段

做法 Method

1. 用甘蔗榨汁机将甘蔗榨成汁（或者购买现成的甘蔗汁）。马蹄削去皮，再切成小块。

2. 将冬瓜、马蹄放入榨汁机，倒入甘蔗汁，榨成汁即可。

╲ 净化力 Effect ╱

冬瓜、马蹄、甘蔗搭配不仅口感清爽，还能清热解暑，滋润皮肤，同时促进胆固醇的代谢，减少脂肪在体内的积聚。

蔬果小品

冬瓜含钾量高，有利水、消肿的功效，尤其适合高血压、肾脏病、浮肿病等患者食用。冬瓜也是夏季瘦身佳品，它含有的丙醇二酸能有效地抑制糖类转化为脂肪。

海带果菜汁

材料 Ingredients

鲜海带……30克
油菜……50克
香菜……30克
芹菜……1/4根
苹果……1/2个
豆浆……200毫升

香菜30克
油菜50克
苹果1/2个
豆浆200毫升
鲜海带30克
芹菜1/4根

做法 Method

1. 油菜、香菜、芹菜切成小段。苹果去核，连皮一起切成小块。海带切成小块，焯水至断生。

2. 将所有食材放入榨汁机，倒入豆浆，榨成汁即可。

净化力 Effect

海带中含有一种褐藻胶，它能在肠道内形成凝胶状物质，有助于排出毒素，搭配油菜、芹菜等绿色蔬菜，还有护肝的作用。

蔬果小品

油菜能强健骨骼和牙齿，促进血液循环、散血消肿，其所含的植物激素，还能吸附体内的致癌物质。

火龙果牛奶汁

材料 Ingredients

火龙果······2个
牛奶······100毫升

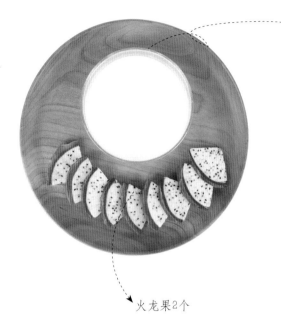

牛奶100毫升

火龙果2个

做法 Method

1. 火龙果去皮，切成一口大小的块。

2. 将火龙果放入榨汁机，倒入牛奶，榨成汁即可。

\ **净化力** Effect /

火龙果有抗氧化、抗自由基、抗衰老的作用，还具有减肥、降低胆固醇、润肠、预防大肠癌等功效。

蔬果小品

火龙果中含有的植物性白蛋白，会自动与人体内的重金属离子结合，并通过排泄系统排出体外，从而起解毒的作用。此外，这种植物性白蛋白对胃壁还有保护作用。

双红微辣蔬果汁

材料 Ingredients

红柿子椒·····1个
番茄·····1个
西芹·····1/4根
红辣椒·····1个
盐·····少许
黑胡椒·····少许

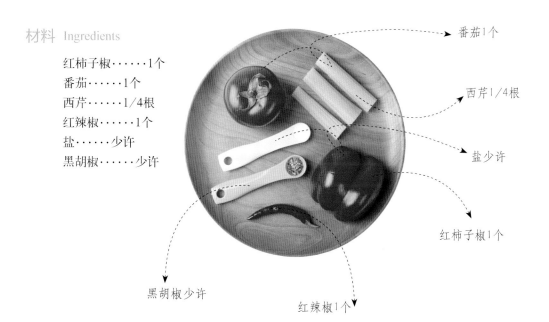

番茄1个

西芹1/4根

盐少许

红柿子椒1个

红辣椒1个

黑胡椒少许

做法 Method

1. 红柿子椒去籽，切成小块。番茄去蒂，切成一口大小的块。芹菜切小段。红辣椒切取1~2个小圈，去籽。

2. 将所有食材放入榨汁机，榨成汁后倒入杯中，加入盐、黑胡椒调味即可。

\ 净化力 Effect /

这道蔬果汁利用红柿子椒和红辣椒果提升身体的代谢功能，促进脂肪分解。此外，辣椒中维生素C的含量也相当高。

蔬果小品

红柿子椒含有丰富的椒红素，它与番茄中所含的番茄红素，以及红萝卜所含的β-胡萝卜素一样，具有强效抗氧化作用，能够防止身体"生锈"，增强体内细胞的活性。

Part 3

改善体质，超能量蔬果汁

　　身体的很多疾病是由于新陈代谢缓慢导致的，而新陈代谢缓慢的根本原因是体内酶的缺乏。现代人运动少、饮食精细化等生活习惯更会加重这一隐患。新鲜蔬菜、水果是天然食材中的"酶仓库"，坚持饮用由多种蔬果制成的健康饮品，有助于使身体获得足够的酶，提升代谢机能，从而提高身体的抗病能力，让身体一天天变强健。

消 除 疲 劳

芒香蔬果冰沙

材料 Ingredients

芒果……1个
青柠檬……1/4个
生菜叶……3片
薄荷叶……少许
冰块……3～4块

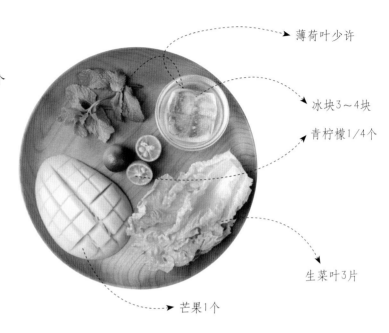

薄荷叶少许

冰块3～4块

青柠檬1/4个

生菜叶3片

芒果1个

做法 Method

1. 芒果用十字花刀切取小块果肉。生菜叶用手撕碎。青柠檬挤出汁。

2. 将芒果肉、生菜叶、鲜薄荷放入榨汁机，倒入青柠檬汁，放入冰块，榨成汁即可。

＼ 净化力 Effect ／

芒果中的芳香性挥发物质有放松身体、缓解疲劳的作用，搭配绿色的蔬果，更有助于肝脏排毒，使人迅速恢复精神。

蔬果小品

芒果在印度被奉为圣果，它的营养价值高，果肉细腻，风味独特，深受人们喜爱。芒果的维生素C含量高于一般水果，还富含能美肤、护眼的胡萝卜素。

秋葵葡萄卷心菜汁

秋葵⋯⋯3 根
马奶葡萄⋯⋯80克
卷心菜⋯⋯30克
水⋯⋯200毫升

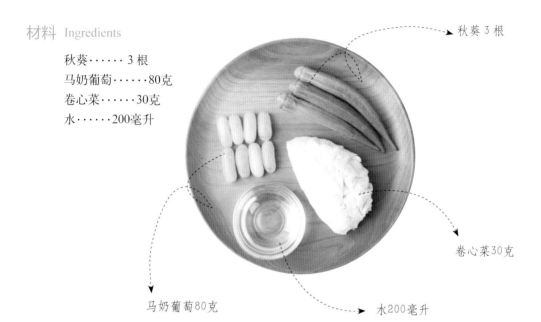

秋葵 3 根

卷心菜30克

马奶葡萄80克

水200毫升

做法 Method

1. 秋葵切成小段，圆白菜切小块，分别放入沸水中焯煮至断生，捞出沥干。

2. 将秋葵、圆白菜、马奶葡萄放入榨汁机，倒入水，榨成汁即可。

＼ 净化力 Effect ／

秋葵有一定的补肾功效，食用后可以消除疲劳并令精力、体力全面提升，卷心菜中的维生素C也有缓解疲劳的作用。

蔬果小品

秋葵含有黏性物质，可促进胃肠蠕动，有助于消化，其含有的可溶性纤维素，能有效降低血清胆固醇，预防心血管疾病。

香蕉蜜枣果汁

材料 Ingredients

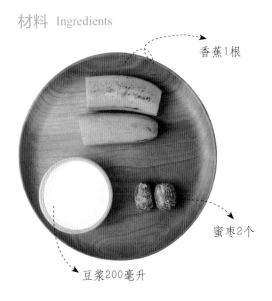

香蕉1根

蜜枣2个

豆浆200毫升

做法 Method

1. 香蕉去皮，切成小块。蜜枣去核。

2. 将香蕉、蜜枣放入榨汁机，倒入豆浆，榨成汁即可。

╲ 净化力 Effect ╱

甜味丰富的香蕉和蜜枣有消除疲劳的效果。蜜枣富含铁质，还可预防贫血；香蕉能帮助大脑补充能量，缓解脑疲劳。

桂香苹果汁

材料 Ingredients

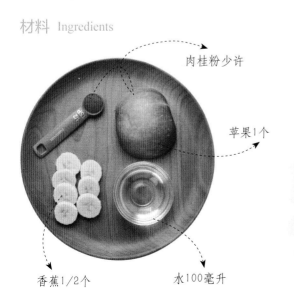

肉桂粉少许

苹果1个

香蕉1/2个

水100毫升

做法 Method

1. 苹果洗净，去核，连皮一起切成小块。香蕉去皮，切成小块。

2. 将苹果、香蕉放入榨汁机，倒入水，榨成汁后倒入杯中，撒上肉桂粉即可。

＼ 净化力 Effect ／

香蕉中含有丰富的镁，它能让紧张的神经镇定下来，对防治失眠有一定的效果。肉桂可以改善由于体质偏寒性导致的睡眠不佳。

双笋鲜橙汁

材料 Ingredients

莴笋······80克
芦笋······2根
橙子······1/2个
水······100毫升

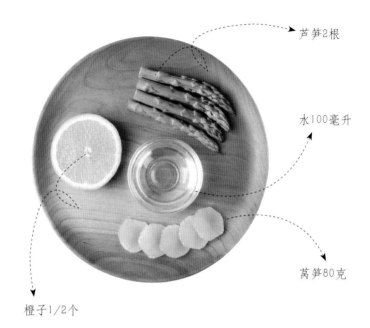

芦笋2根

水100毫升

莴笋80克

橙子1/2个

做法 Method

1. 莴笋去皮，切成小块。芦笋削去老皮，切成小段。橙子去皮，切成一口大小的块。

2. 将莴笋、芦笋、橙子放入榨汁机，倒入水，榨成汁即可。

净化力 Effect

莴笋中有一种乳白色浆液，具有安神镇静作用，最适宜神经衰弱的失眠者，生食效果更佳。芦笋可以清心安神，有助睡眠。

蔬果小品

芦笋中含有丰富的谷胱甘肽，这种物质能够有效抵抗癌细胞的成长，还能预防酒精性脂肪肝，并促进有毒重金属排出体外，起到中和解毒的作用。

牛奶草莓汁

材料 Ingredients

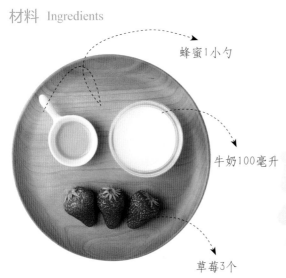

蜂蜜1小勺

牛奶100毫升

草莓3个

做法 Method

1.草莓洗净后去蒂，对半切开。

2.将草莓放入榨汁机，倒入牛奶，榨成汁后倒入杯中，淋上蜂蜜即可。

╲ 净化力 Effect ╱

草莓中钾和镁的含量都很高，牛奶中含有助眠物质色氨酸，入睡前饮一杯草莓牛奶汁能令神经松弛，对治疗失眠效果不错。

芒果香蕉椰汁

材料 Ingredients

芒果1个

椰汁200毫升

香蕉1个

菠萝1/4个

做法 Method

1. 芒果用十字花刀切取小块果肉。菠萝去皮，切小块。香蕉去皮，切成小块。

2. 将所有食材放入榨汁机，倒入椰汁，榨成汁即可。

净化力 Effect

芒果香味独特，具有止呕、开胃、增进食欲的作用，菠萝中的蛋白酶可以促进蛋白质分解，消除腹部饱胀、油腻感等不适。

樱桃萝卜番茄汁

材料 Ingredients

樱桃萝卜·····4个
番茄·····1个
草莓·····5个
蜂蜜·····2小勺

樱桃萝卜4个

番茄1个

蜂蜜2小勺

草莓5个

做法 Method

1. 樱桃萝卜切去两头，再对半切开。草莓去蒂，对半切开。番茄切成小块。

2. 将樱桃萝卜、草莓、番茄放入榨汁机，倒入蜂蜜，榨成汁即可。

＼ 净化力 Effect ／

　　樱桃萝卜营养丰富，能够刺激肠胃，加快肠道蠕动速度，番茄、草莓可生津开胃，改善食欲不振、消化不良等症状。

蔬果小品

　　樱桃萝卜含较高的水分，且营养丰富，可消食、解毒、利尿、促进肠胃蠕动，让身体更高效地分解和代谢食物，促进脂肪的燃烧。

胡萝卜木瓜苹果汁

材料 Ingredients

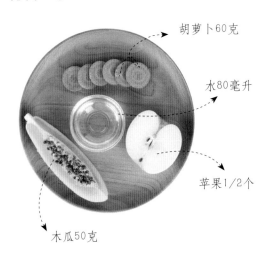

胡萝卜60克

水80毫升

苹果1/2个

木瓜50克

做法 Method

1. 胡萝卜去皮，切块。木瓜去皮，去籽，切小块。苹果切成小块。

2. 将胡萝卜、木瓜、苹果放入榨汁机中，倒入水，榨成汁后倒入杯中，淋上蜂蜜即可。

＼ 净化力 Effect ／

　　木瓜含有大量水分及人体所需的营养成分可有效补充人体的养分，增强机体的抵抗能力。

百香果菠萝汁

材料 Ingredients

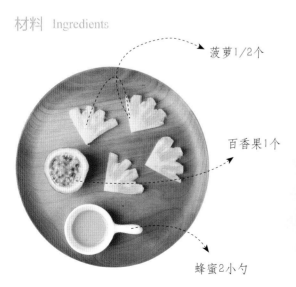

菠萝1/2个

百香果1个

蜂蜜2小勺

做法 Method

1. 百香果切开，用小勺挖取果肉及果汁。菠萝去皮，切成小块。

2. 将菠萝放入榨汁机，倒入百香果果肉及果汁，榨成汁后倒入杯中，最后淋上蜂蜜即可。

╲ 净化力 Effect ╱

百香果中不仅维生素含量很高，还含有多种氨基酸，能够促进新陈代谢，清理肠道，降低胆固醇，净化血液。

活力西瓜草莓汁

材料 Ingredients

无籽西瓜······1/4个
草莓······4个
柠檬······1/8个

无籽西瓜1/4个

草莓4个

柠檬1/8个

做法 Method

1. 用挖勺挖出西瓜肉。草莓去蒂，对半切开。柠檬挤出汁。

2. 将西瓜肉、草莓放入榨汁机，倒入柠檬汁，榨成汁即可。

净化力 Effect

西瓜、草莓、柠檬含有大量的水分、多种维生素以及钾、钙等矿物质，能起到利尿、开胃、促进新陈代谢的作用。

蔬果小品

西瓜的含水量很高，不仅能解渴，还能排毒。西瓜中含有的瓜氨酸和钾，可以帮助排除体内多余的水分，消除浮肿。

柑橘生姜苏打汁

材料 Ingredients

橙子……1个
柠檬……1/4个
圣女果……4个
姜末……少许
苏打水……1/2杯

橙子1个

姜末少许

圣女果4个

柠檬1/4个

苏打水1/2杯

做法 Method

1. 橙子去皮，切成一口大小的块。圣女果对半切开。柠檬挤出汁。

2. 将橙子、圣女果、姜末放入榨汁机，榨成汁后倒入杯中，再倒入苏打水即可。

净化力 Effect

橙子、柠檬等柑橘类水果中含有大量维生素C，有助于加快体内营养物质的代谢速度，再加入能够促进血液循环的生姜，功效和口感都更佳。

蔬果小品

研究表明，橙子发出的气味有利于缓解人们的心理压力，尤其有助于女性克服紧张情绪。它含有大量的维生素C和膳食纤维，具有美容、瘦身的作用。

南瓜玉米浓汁

材料 Ingredients

南瓜·····80克
玉米粒·····80克
豆浆·····100毫升
肉桂粉·····少许

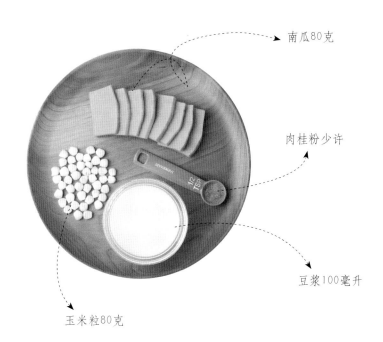

南瓜80克

肉桂粉少许

豆浆100毫升

玉米粒80克

做法 Method

1. 南瓜去皮，切成小块，和玉米粒一起下入沸水中焯煮至断生，捞出沥干。

2. 将南瓜和玉米粒放入榨汁机中，倒入豆浆，榨成汁后倒入杯中，最后撒上肉桂粉即可。

净化力 Effect

南瓜、玉米等黄色蔬菜中含有大量的类黄酮，具有降低血管内胆固醇的作用，并有利于对抗自由基，维护心脑血管健康。

蔬果小品

玉米所含的脂肪中70%是亚油酸，能够防止血清胆固醇在血管壁的沉积。黄玉米中还含有较多的β-胡萝卜素，常吃具有延缓衰老、嫩肤美容的作用。

牛油果猕猴桃汁

材料 Ingredients

牛油果······1/2个
猕猴桃······1个
芒果······1个
核桃仁······2个
水······100毫升

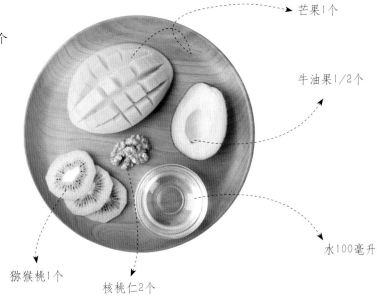

芒果1个

牛油果1/2个

水100毫升

核桃仁2个

猕猴桃1个

做法 Method

1. 牛油果去皮，切成一口大小的块。猕猴桃去皮，切成小块。芒果用十字花刀切取小块果肉。

2. 将牛油果、猕猴桃、芒果、核桃仁放入榨汁机，倒入水，榨成汁即可。

＼ 净化力 Effect ／

牛油果含有的脂肪为不饱和脂肪酸，此外还含有其他有益成分，能够降低人体内"坏胆固醇"水平，抵御心血管疾病。

蔬果小品

牛油果是一种富含不饱和脂肪酸的健康"奶油"，能够降低人体内的"坏胆固醇"的水平，对肥胖和超重者来说，常吃牛油果能够降低心脏病的发生概率。

洋葱苹果汁

材料 Ingredients

水100毫升

白洋葱1个

蜂蜜2小勺

苹果1/2个

做法 Method

1. 白洋葱切小块。苹果去核，连皮一起切成小块。

2. 将白洋葱、苹果放入榨汁机，倒入水、蜂蜜，榨成汁即可。

净化力 Effect

洋葱含有硫化物和氨基酸，具有降脂的功效，其富含的前列腺素A也有助于降低血液黏稠度，预防血栓的形成。

蓝莓腰果酸奶

材料 Ingredients

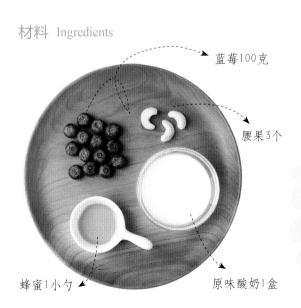

蓝莓100克

腰果3个

蜂蜜1小勺

原味酸奶1盒

做法 Method

1. 将蓝莓洗净。

2. 将蓝莓放入榨汁机，倒入原味酸奶，放入腰果，榨成汁后倒入杯中，淋上蜂蜜即可。

╲ 净化力 Effect ╱

蓝莓中的紫色花青素有提升视力的效果，还可以抑制自由基，预防机体老化。加入蜂蜜和腰果，味道更醇厚。

菠菜南瓜汁

材料 Ingredients

菠菜……1小把
南瓜……100克
橙子……2片
熟黄豆粉……1小勺
水……100毫升

水100毫升

菠菜1小把

南瓜100克

橙子2片

熟黄豆粉1小勺

做法 Method

1. 菠菜去根，切成小段。南瓜去皮，切成小块。橙子去皮，切成一口大小的块。

2. 菠菜、南瓜分别放入沸水中焯煮至断生，捞出沥干。

3. 将所有材料放入榨汁机，加入熟黄豆粉、水，榨成汁即可。

净化力 Effect

菠菜和南瓜中都含有大量的β-胡萝卜素，还是维生素B$_6$、叶酸、铁和钾的极佳来源，可降低视网膜退化的危险，从而保护视力。

蔬果小品

南瓜中富含果胶，其可以延缓肠道对糖和脂质的吸收，还可以清除体内重金属和部分农药。南瓜中富含的钴是合成胰岛素必需的微量元素，适合糖尿病患者食用。

黄柿子椒芒果汁

材料 Ingredients

黄柿子椒······1个
芒果······1个
柠檬······1/8个
熟黑芝麻······少许
水······100毫升

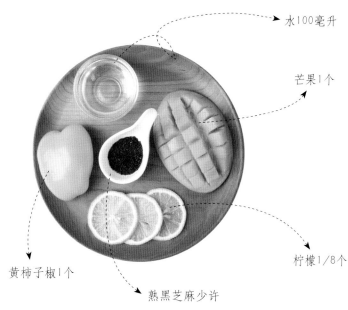

水100毫升

芒果1个

黄柿子椒1个

熟黑芝麻少许

柠檬1/8个

做法 Method

1. 洗净的黄柿子椒切开，去籽，再切成小块。芒果用十字花刀切取小块果肉。柠檬挤出汁。

2. 将黄柿子椒、芒果放入榨汁机，倒入水、柠檬汁，榨成汁后倒入杯中，撒上熟黑芝麻即可。

╲ 净化力 Effect ╱

黄色蔬果中含有的β-胡萝卜素、维生素C等物质，可以保护视网膜、缓解眼疲劳并减缓眼部皮肤的老化速度，预防白内障。

蔬果小品

黄柿子椒含有辣椒素，能增进食欲、帮助消化，其维生素C含量比茄子、番茄还高，还含有多种抗氧化的维生素和微量元素，能帮助缓解压力。

清热下火

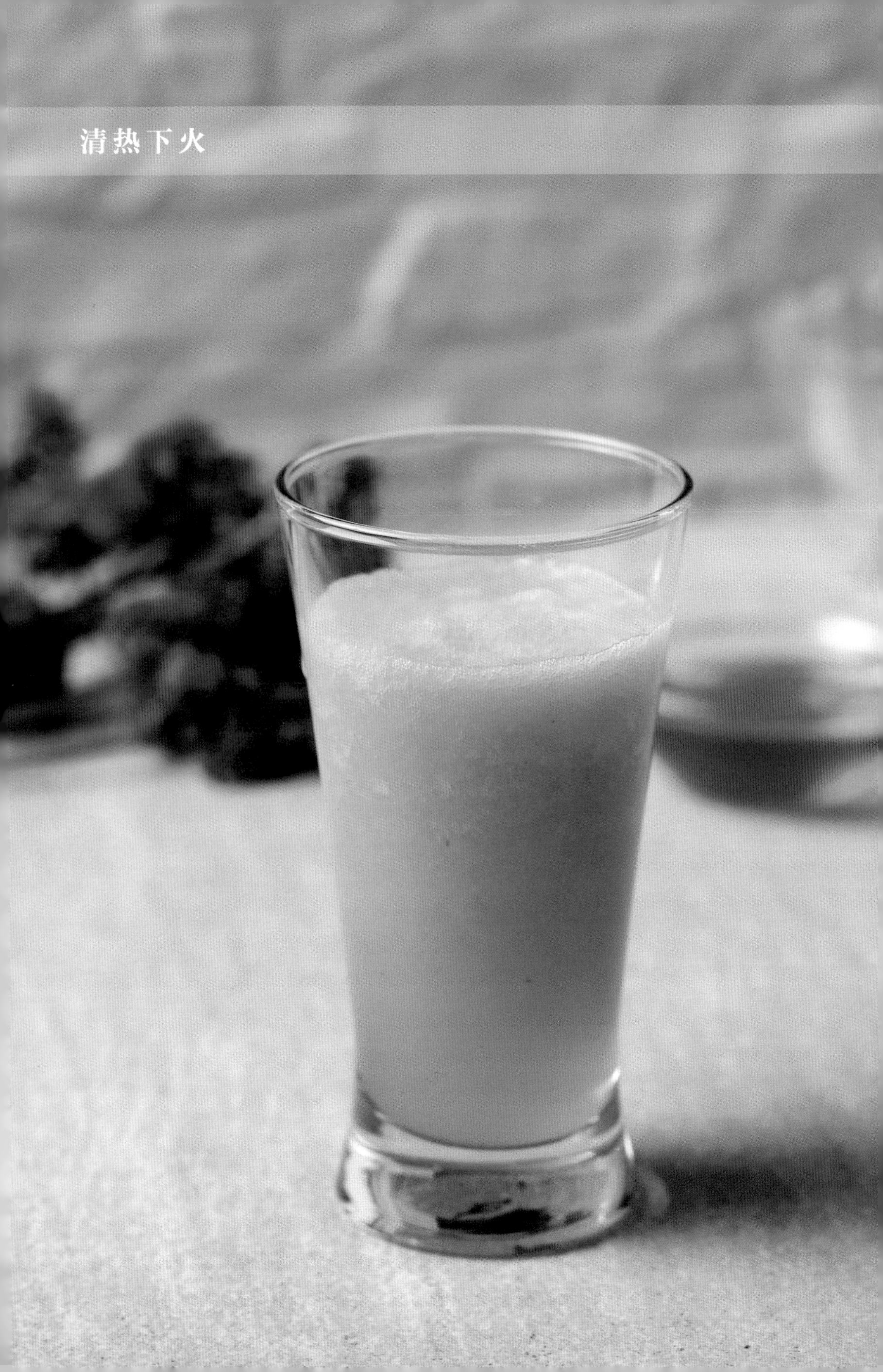

苦瓜菠萝汁

材料 Ingredients

苦瓜·····30克
菠萝·····100克
蜂蜜·····2小勺
冰块·····3~4块

蜂蜜2小勺

菠萝100克

冰块3~4块

苦瓜30克

做法 Method

1. 苦瓜纵向对半切开，用勺子挖除瓤和籽，切成一口大小。菠萝去皮，切成一口大小的块。

2. 将苦瓜、菠萝放入榨汁机，倒入蜂蜜，放入冰块，榨成汁即可。

＼ 净化力 Effect ／

　　苦瓜汁虽然有些苦，但相当爽口好喝，并且具有清热下火、解毒消炎的功效，非常适合夏季饮用。菠萝可以增加怡人的香气。

蔬果小品

　　苦瓜有极佳的瘦身效果。苦瓜还有清热解毒的作用，对清热降火、祛斑除痘有一定的作用。经常吃苦瓜的人，身体里不会含有太多的毒素。

清凉莲藕马蹄汁

材料 Ingredients

莲藕·····100克
马蹄·····3个
薄荷叶·····2片
水·····200毫升

莲藕100克

水200毫升

薄荷叶2片

马蹄3个

做法 Method

1. 莲藕去皮，切成薄片，再下入沸水中焯煮至断生，捞出沥干。马蹄削皮，切成小块。

2. 将莲藕、马蹄、薄荷叶放入榨汁机，倒入水，榨成汁即可。

\ 净化力 Effect /

莲藕和马蹄都是口感清脆的食材，而且具有滋阴润燥、下火、美容等功效，加入薄荷叶的这道蔬果汁非常清凉可口。

蔬果小品

莲藕具有利尿作用，能促进体内废物快速排出，还可以净化血液。常食莲藕可以清心安神，还能增加皮肤的弹性，让皮肤看起来更有光泽。

苹果猕猴桃汁

材料 Ingredients

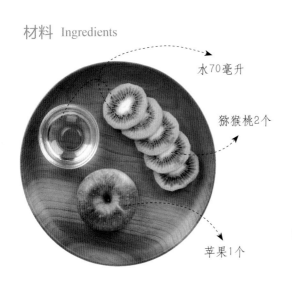

水70毫升

猕猴桃2个

苹果1个

做法 Method

1. 猕猴桃去皮，切成一口大小的块。苹果切成小块。

2. 将猕猴桃、苹果放入榨汁机中，倒入水，榨成汁即可。

净化力 Effect

　　猕猴桃不仅能生津解渴，还能预防眼部疾病，使肌肤白皙。将猕猴桃和绿茶、柠檬汁混合在一起，可清热下火、瘦身排毒。

清爽绿果汁

材料 Ingredients

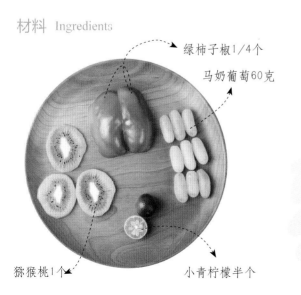

绿柿子椒1/4个

马奶葡萄60克

猕猴桃1个

小青柠檬半个

做法 Method

1. 猕猴桃去皮，切成小块。绿柿子椒去籽，切成小块。青柠檬挤出汁。

2. 将猕猴桃、马奶葡萄、绿柿子椒放入榨汁机，倒入青柠檬汁，榨成汁，倒入杯中即可。

净化力 Effect

　　猕猴桃是含酶量极高的水果，搭配多种绿色蔬果，可以增强人体排毒及代谢水分的功能，达到利水消肿的目的。

哈密瓜莴笋汁

材料 Ingredients

莴笋······50克
莴笋叶······1片
哈密瓜······100克
小青柠檬······半个

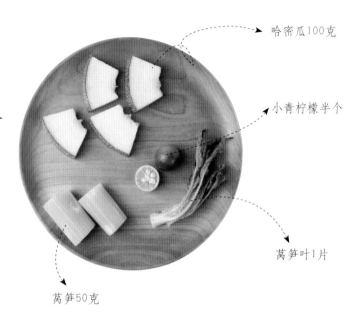

哈密瓜100克

小青柠檬半个

莴笋叶1片

莴笋50克

做法 Method

1. 莴笋去皮，切成小块。莴笋叶用手撕成小片。哈密瓜去瓤和籽，挖出果肉。青柠檬挤出汁。

2. 将所有食材放入榨汁机，榨成汁后倒入杯中即可。

净化力 Effect

哈密瓜和莴笋的钾含量都很高，钾可以帮助身体排出过多的钠，从而消除水肿。这道蔬果汁也能有效抑制胃酸分泌过多，保护消化系统。

蔬果小品

哈密瓜风味独特，有的带奶油味，有的含柠檬香，但都味甘如蜜。它富含维生素和抗氧化剂，可有效防晒，减少皮肤黑色素的形成，有护肤美容的功效。

白菜芦笋橙汁

材料 Ingredients

白菜叶⋯⋯3片
芦笋⋯⋯2根
橙子⋯⋯1/2个

橙子1/2个

白菜叶3片

芦笋2根

做法 Method

1. 白菜叶切成小块。芦笋削去老皮,切成小段。橙子去皮,切成一口大小的块。

2. 白菜、芦笋分别放入沸水中焯煮至断生,捞出沥干。

3. 将所有食材放入榨汁机,榨成汁即可。

净化力 Effect

白菜和芦笋都是高钾蔬菜,其富含的钾能将体内多余的钠排出体外,有利尿消肿的作用。

蔬果小品

白菜含有丰富的粗纤维,可刺激肠胃蠕动,促进排便。女性经常吃白菜还可以预防乳腺癌的发生。

芹柚青柠汁

材料 Ingredients

芹菜······1/2根
葡萄柚······半个
小青柠檬······半个

葡萄柚半个

小青柠檬半个

芹菜1/2根

做法 Method

1. 芹菜切成小段。葡萄柚横向对切开，使用手动榨汁机榨出汁。青柠檬挤出汁。

2. 将芹菜放入榨汁机，倒入葡萄柚汁、青柠檬汁，再榨成汁即可。

净化力 Effect

葡萄柚、芹菜口感清爽，都有着独特的香气和安定情绪的作用。上班前饮用这道蔬果汁，可舒缓紧张焦虑的情绪。

蔬果小品

芹菜有利于补铁、补钙和治疗缺铁性贫血，尤其适合儿童和哺乳期的女性食用。芹菜中的有效成分还能中和血液中过多的尿酸，缓解痛风患者的症状。

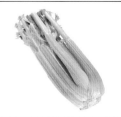

南国风情果汁

材料 Ingredients

木瓜·····60克
猕猴桃·····60克
菠萝·····60克
水·····120毫升

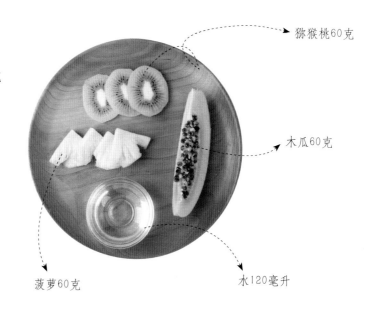

猕猴桃60克

木瓜60克

菠萝60克

水120毫升

做法 Method

1. 猕猴桃、菠萝去皮，切成小块。木瓜去瓤和籽，挖出果肉。

2. 将所有食材放进榨汁机，倒入水，榨成汁即可。

净化力 Effect

这道果汁的原料都是质地柔软、具有热带风情的水果，因此充满了清香气息，令人身心倍感放松，还可冷冻后制成棒冰或沙冰。

蔬果小品

猕猴桃是含酶最多的蔬果之一，在吃过肉类之后饮用猕猴桃果汁，有帮助消化的作用。绿色果肉的猕猴桃含酶量更多。

番石榴橙子山楂汁

材料 Ingredients

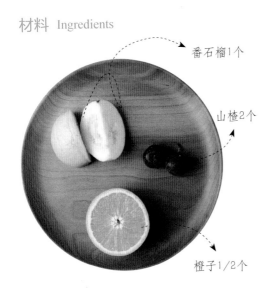

番石榴1个

山楂2个

橙子1/2个

做法 Method

1. 番石榴对半切开，再切成一口大小的块。橙子去皮，切成一口大小的块。山楂去核，切成小块。

2. 将所有食材放入榨汁机中，榨成汁后倒入杯中即可。

净化力 Effect

这是一道口味微酸的爽口果汁，能振奋精神。柑橘类水果和番石榴中的香味物质能够使人心情愉悦，搭配山楂口感更畅快。

三色柿子椒葡萄果汁

材料 Ingredients

葡萄30克

红柿子椒1/2个

绿柿子椒1/2个

黄柿子椒1/2个

水150毫升

做法 Method

1. 柿子椒去籽，切成小块。葡萄对半切开，用刀尖挑去籽。

2. 将所有食材放入榨汁机，倒入水，榨成汁即可。

╲ 净化力 Effect ╱

柿子椒是天然的"维生素C仓库"，其维生素C的含量远远高于其他常见的蔬果，常食用能够有效增强人体的免疫力。

清醇山药蓝莓椰汁

材料 Ingredients

山药·····100克
蓝莓·····10颗
椰汁·····200毫升

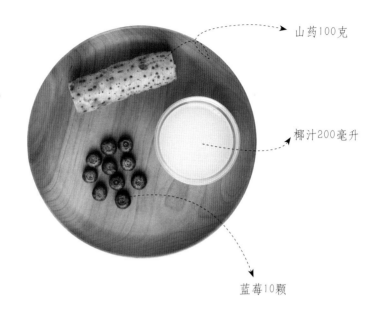

山药100克

椰汁200毫升

蓝莓10颗

做法 Method

1. 洗净的山药去皮，切成小块。

2. 将山药、蓝莓放入榨汁机，倒入椰汁，榨成汁即可。

╲ 净化力 Effect ╱

山药特有的多糖成分可以增强人体免疫力，搭配蓝莓中的紫色花青素成分，有助于延缓细胞衰老。

蔬果小品

山药可调节消化系统，减少皮下脂肪堆积，增强人体免疫力。生食山药排毒效果最好，将生山药和味道香甜的水果一起榨成汁饮用，有健胃整肠的功能。

风味双薯抹茶汁

材料 Ingredients

红薯······50克
紫薯······50克
抹茶粉······1小勺
水······200毫升

抹茶粉1小勺

红薯50克

紫薯50克

水200毫升

做法 Method

1. 红薯、紫薯去皮，放入蒸锅中蒸熟，取出放凉后切成小块。

2. 将红薯和紫薯放入榨汁机，倒入抹茶粉、水，榨成汁即可。

\ 净化力 Effect /

红薯和紫薯都是碱性食物，富含膳食纤维和"抗癌明星元素"硒，它与抹茶中的茶多酚一样都具有极佳的排毒、抗癌作用。

蔬果小品

红薯含有丰富的糖、蛋白质、纤维素和多种维生素，是一种理想的排毒、抗癌食品。

Part 4
身体排毒，超强效蔬果汁

　　由于环境污染、饮食不当、缺乏运动等原因，人体中会渐渐积存毒素。这些毒素最有可能存在于人体的肠道、肝脏、肺、血管及血液中。这些毒素可能让人出现便秘、消化不良、血脂高、肤质差等"症状"，如果不及时排出毒素，生病将在所难免。俗话说："是药三分毒。"食用纯天然的蔬果汁为身体排毒才最安全、最放心。

疏通肠胃

水蜜桃橙汁

材料 Ingredients

水蜜桃······1个
橙子······1/4个
原味酸奶······1盒

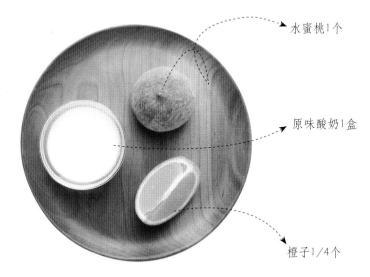

水蜜桃1个

原味酸奶1盒

橙子1/4个

做法 Method

1. 水蜜桃去皮，取果肉切成一口大小的块。橙子去皮，切成一口大小的块。

2. 将水蜜桃、橙子放入榨汁机，倒入酸奶，榨成汁即可。

净化力 Effect

水蜜桃、橙子中的膳食纤维与酸奶中乳酸菌可以净化肠道，促进肠道毒素的排出。这道果汁酸酸甜甜的口感让人活力倍增。

蔬果小品

水蜜桃含丰富的铁质，可预防缺铁性贫血，改善气色，常吃可美容养颜。水蜜桃中的纤维成分为水溶性果胶，有助于排毒且不损伤肠道。

紫苏梅子汁

材料 Ingredients

梅子······3个
紫苏叶······3~4片
蜂蜜······1小勺
水······150毫升

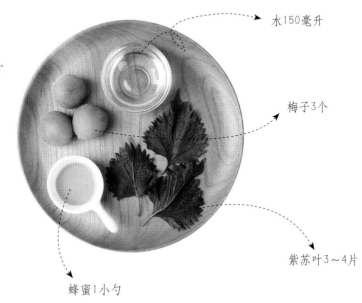

水150毫升

梅子3个

紫苏叶3~4片

蜂蜜1小勺

做法 Method

1. 梅子取果肉，切成小块。

2. 将梅子、紫苏叶放入榨汁机，倒入水、蜂蜜，榨成汁即可。

净化力 Effect

梅子味道略酸，不仅能生津止渴，还具有涩肠止泻的功效。紫苏可以行气和胃，改善寒性胃痛、呕吐、胃胀气等不适。

蔬果小品

梅子虽然味道酸，却是碱性食品，经常食用可以改善人体酸碱度，达到健康养生的目的。另外，其含有的梅酸能够软化血管，预防血管硬化，延缓衰老。

菠萝荷兰豆油菜汁

材料 Ingredients

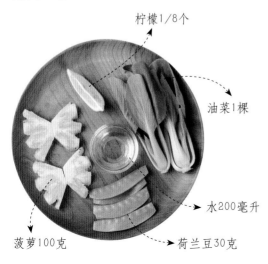

柠檬1/8个

油菜1棵

水200毫升

菠萝100克

荷兰豆30克

做法 Method

1. 菠萝去皮，切成小块。荷兰豆切三段。油菜取叶片部分。柠檬挤出汁。

2. 将菠萝、荷兰豆、油菜放入榨汁机，倒入水、柠檬汁，榨成汁即可。

净化力 Effect

菠萝中含有多种消化酶，油菜中富含膳食纤维，荷兰豆能健胃益气，这道蔬果汁能全面调理肠胃不适，改善消化功能。

雪梨银耳枸杞汁

材料 Ingredients

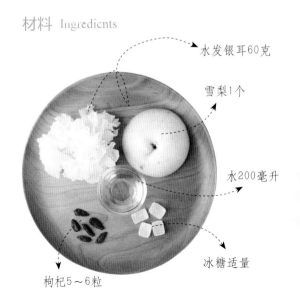

水发银耳60克

雪梨1个

水200毫升

冰糖适量

枸杞5~6粒

做法 Method

1. 雪梨去皮、去核，切成小块。水发银耳切成小朵，冰糖一起煮熟。

2. 将雪梨、银耳汤倒入榨汁机，放入枸杞，榨成汁即可。

净化力 Effect

雪梨和银耳都是滋阴润肺的优质食材，榨成汁的口感黏稠顺滑，更容易被消化和吸收，有助于滋润和强健肺脏，排出毒素。

百香果枇杷汁

百香果半个

枇杷2个

材料 Ingredients

枇杷……2个
百香果……半个
菠萝……1/4个
水……100毫升

菠萝1/4个

水100毫升

做法 Method

1. 枇杷去皮、核，取果肉切成小块。百香果切开，挖出果肉及果汁。菠萝去皮，切成小块。

2. 将枇杷、菠萝、百香果肉及果汁倒入榨汁机，再倒入水，榨成汁即可。

╲ 净化力 Effect ╱

枇杷有润肺止咳、抗过敏等功效，尤其能缓解由于干燥导致的肺热咳嗽、口干舌燥等不适。百香果有润喉止咳的作用。

蔬果小品

百香果是一种具有浓郁芳香味道的水果，有"果汁之王"的美誉。它含有的膳食纤维能够深入肠胃，将有害物质彻底排出，并可改善肠道内的菌群构成。

双桃马蹄汁

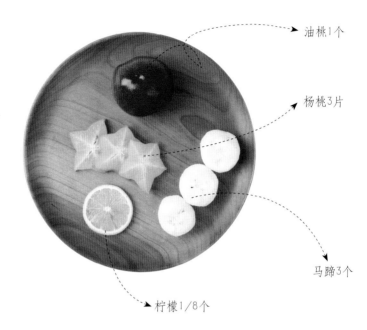

材料 Ingredients

杨桃……3片
油桃……1个
马蹄……3个
柠檬……1/8个

油桃1个

杨桃3片

马蹄3个

柠檬1/8个

做法 Method

1. 杨桃切成薄片。油桃先取果肉，再切成小块。柠檬挤出汁。马蹄去皮，再切成小块。

2. 将杨桃、油桃、马蹄放入榨汁机，倒入柠檬汁，榨成汁即可。

净化力 Effect

杨桃、油桃、马蹄都是清肺润肺的佳品，饮用这道蔬果汁能够止咳化痰、顺气润肺、保护气管，并有养颜功效。

蔬果小品

杨桃中含有大量柠檬酸、苹果酸等能够促进消化的物质，能解内脏积热，降火清燥，润肠通便，还有滋阴养颜的作用。餐后吃几片杨桃有助于解腻。

双莓葡萄果汁

材料 Ingredients

草莓······50克
蓝莓······30克
紫葡萄······60克
水······100毫升

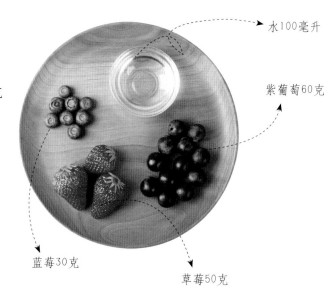

水100毫升

紫葡萄60克

蓝莓30克

草莓50克

做法 Method

1. 紫葡萄洗净后对半切开。草莓去蒂，对半切开。

2. 将草莓、蓝莓、紫葡萄放入榨汁机，倒入水，榨成汁即可。

净化力 Effect

这道果汁选择了三种口感诱人的浆果，并能够帮助肝脏排出毒素，美容养颜。

蔬果小品

　　蓝莓是补血养肝的佳品，能改善皮肤的血液供应，促进血红细胞的生长，使皮肤白嫩。其含有的花青素不仅能延缓衰老，还可以缓解眼睛疲劳干涩的症状。

西兰花荷兰豆汁

材料 Ingredients

西兰花·····80克
荷兰豆·····70克
苹果醋·····200毫升

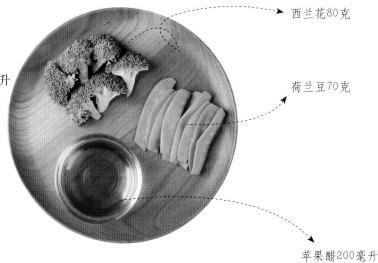

西兰花80克

荷兰豆70克

苹果醋200毫升

做法 Method

1. 西兰花切成小朵，荷兰豆摘去老筋，
   一起放入沸水锅中，焯煮至断生，再
   捞出沥干。

2. 将西兰花、荷兰豆放入榨汁机，倒入
   苹果醋，榨成汁即可。

\ 净化力 Effect /

　　西兰花中的β-胡萝卜素能在体
内转化为维生素A，荷兰豆也富含
维生素A，这道蔬果汁具有保护肝
脏，阻止和抑制肝脏中癌细胞增生
的作用。

蔬果小品

　　荷兰豆对增强人体新陈代谢功能具有十分重要的作
用，还能健胃、美容、延缓衰老。荷兰豆还含有丰富的膳
食纤维，有清肠作用，可以防止便秘。

茼蒿鲜柚汁

材料 Ingredients

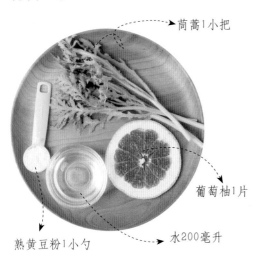

茼蒿1小把

葡萄柚1片

熟黄豆粉1小勺

水200毫升

做法 Method

1. 茼蒿洗净后切成小段，放入沸水锅中焯煮20～30秒，捞出沥干。葡萄柚去皮，切成一口大小的块。

2. 将茼蒿、葡萄柚放入榨汁机，倒入熟黄豆粉、水，榨成汁即可。

净化力 Effect

茼蒿等绿色蔬菜是帮助肝脏解毒的最佳食材，葡萄柚中则含有一种叫肌醇的物质，它能防止脂肪在肝脏囤积，预防脂肪肝。

白萝卜蜂蜜苹果汁

材料 Ingredients

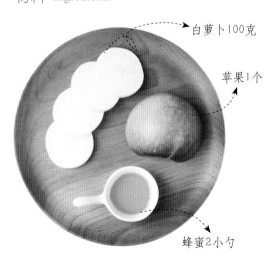

白萝卜100克

苹果1个

蜂蜜2小勺

做法 Method

1. 白萝卜去皮，切成小块。苹果去皮、去核，切成小块。

2. 将白萝卜、苹果放入榨汁机，榨成汁后倒入杯中，淋上蜂蜜即可。

净化力 Effect

白萝卜中的膳食纤维可促进胃肠蠕动，有助于体内废物的排出。常吃白萝卜有助于降低血脂、软化血管、稳定血压。

绿力量蔬果汁

材料 Ingredients

西兰花······80克
鲜海带······1小块
芦笋······2根
青苹果······1个
杨桃······2片
小青柠檬······半个
水······200毫升

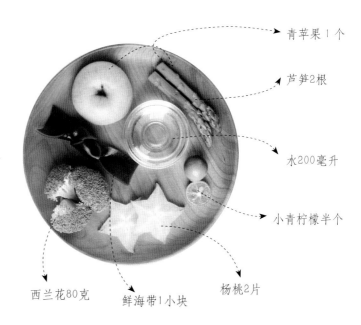

青苹果1个

芦笋2根

水200毫升

小青柠檬半个

西兰花80克

鲜海带1小块

杨桃2片

做法 Method

1. 西兰花切成小朵。海带切成小块。芦笋削去老皮，切成小段。青苹果连皮一起切成小块。青柠檬挤出汁。

2. 将西兰花、海带、芦笋分别焯水至断生，捞出沥干。

3. 将所有食材放入榨汁机，倒入水、青柠檬汁，榨成汁即可。

净化力 Effect

绿色蔬果中含有大量粗纤维，以减少动脉粥样硬化的形成，保持血管的弹性。

蔬果小品

西兰花除富含各种营养成分，有助于清除体内毒素，减轻肝肾的排毒负担。

紫魅葡萄甘蓝汁

材料 Ingredients

紫葡萄60克

水100毫升

蓝莓5～6粒

火龙果1/4个

紫甘蓝30克

做法 Method

1. 紫葡萄对半切开，去籽。紫甘蓝切成小块。火龙果去皮，再切成小块。

2. 将所有食材放入榨汁机，倒入水，榨成汁即可。

净化力 Effect

紫色蔬果中富含花青素，它能清除体内自由基，降低胆固醇，促进血液循环，从而防止血液中胆固醇含量增高，保护血管。

胡萝卜排毒果汁

材料 Ingredients

胡萝卜1根

菠萝100克

柠檬1/8个

水120毫升

做法 Method

1. 胡萝卜、菠萝去皮，都切成一口大小的块。柠檬挤出汁。

2. 将胡萝卜、菠萝放入榨汁机，倒入水、柠檬汁，榨成汁即可。

＼ 净化力 Effect ／

胡萝卜能有效降低血液中的汞的含量，帮助排出体内的重金属。

土豆苹果红茶

材料 Ingredients

土豆·····100克
苹果·····1/2个
红茶·····1小勺
蜂蜜·····2小勺
水·····250毫升

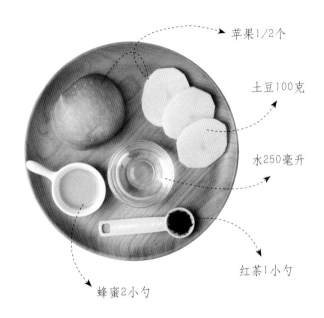

苹果1/2个

土豆100克

水250毫升

红茶1小勺

蜂蜜2小勺

做法 Method

1. 将水煮沸，冲泡开红茶，滤出茶汁。土豆去皮，切成小块，焯水至断生。苹果连皮一起切成小块。

2. 将土豆、苹果放入榨汁机，倒入红茶汁，榨成汁后倒入杯中，最后淋上蜂蜜即可。

净化力 Effect

土豆是一种碱性蔬菜，富含维生素及多酚类物质，有利于人体内酸碱平衡，红茶和蜂蜜有利于清理体内的化学毒素。

蔬果小品

苹果有"智慧果"、"记忆果"的美称。多吃苹果有增强记忆力的效果，这是因为苹果富含锌，它是与人的记忆力息息相关的必不可少的元素。

龙眼马蹄火龙果汁

材料 Ingredients

无籽西瓜30克

火龙果1/2个

龙眼 3 个

水90毫升

马蹄2个

做法 Method

1. 龙眼去皮、去核。马蹄去皮，切成小块。火龙果去皮，切成小块。无籽西瓜去皮，切成小块。

2. 将所有材料放入榨汁机，倒入水，榨成汁即可。

净化力 Effect

火龙果富含一般植物少有的植物性白蛋白，在人体内遇到重金属离子，会快速将其包裹住，并通过肠道排出体外，从而起到解毒作用。